U0177529

樱井进数学大师课

无所不在的数字

[日] 樱井进◎著　　智慧鸟◎绘　　李静◎译

电子工业出版社.

Publishing House of Electronics Industry

北京·BEIJING

版权贸易合同登记号　图字：01-2022-1937

图书在版编目（CIP）数据

樱井进数学大师课. 无所不在的数字 /（日）樱井进著；智慧鸟绘；李静译. -- 北京：电子工业出版社，2022.5
ISBN 978-7-121-43347-4

Ⅰ. ①樱… Ⅱ. ①樱… ②智… ③李… Ⅲ. ①数学 - 少儿读物 Ⅳ. ①O1-49

中国版本图书馆CIP数据核字(2022)第069789号

责任编辑：　季　萌　　文字编辑：肖　雪
印　　刷：天津善印科技有限公司
装　　订：天津善印科技有限公司
出版发行：电子工业出版社
　　　　　北京市海淀区万寿路173信箱　邮编：100036
开　　本：889×1194　1/16　　印张：30　　字数：753.6千字
版　　次：2022年5月第1版
印　　次：2022年5月第1次印刷
定　　价：198.00元（全6册）

凡所购买电子工业出版社图书有缺损问题，请向购买书店调换。若书店售缺，请与本社发行部联系，联系及邮购电话：（010）88254888，88258888。
质量投诉请发邮件至zlts@phei.com.cn，盗版侵权举报请发邮件至dbqq@phei.com.cn。
本书咨询联系方式：（010）88254161转1860，jimeng@phei.com.cn。

数学好玩吗？是的，数学非常好玩，一旦你认真地和它打交道，你会发现它是一个特别有趣的朋友。

数学神奇吗？是的，数学相当神奇，可以说，它是一个大魔术师。随时都会让你发出惊讶的叫声。

什么？你不信？那是因为你还没有好好地接触过真正奇妙的数学。从五花八门的数字到测量、比较，从奇奇怪怪的图形到数学的运算和应用，这里面藏着数不清的故事、秘密、传说和绝招。看了它们，你会有豁然开朗的感觉，更会有想要跳进数学的知识海洋中一试身手的冲动。这就是数学的魅力，也是数学的奇妙之处。

快翻开这本书，一起来感受一下不一样的数学吧！

目 录

原始人会用数字吗？

虽然原始时期还没有数字这个概念，但是数字在那时已经被运用到生活中的各个方面了，不信你来看看原始人的生活吧！

这个原始人正在和同伴们比画着自己刚发现的猎物，他会画一头大大的鹿，告诉大家他发现了 1 头鹿，然后在鹿周围画 6 个小人表示抓住这头鹿大约需要 6 个猎手。通过这幅简单的图画，他们就能快速集合去捕猎。还有的原始人会养一些小鸡，他们将小鸡画在石壁上，用图画记录小鸡的数量。

结绳记数

结绳记数起源于远古时代，这种计数的方式遍布世界各地。人们会按照一定规则，使用不同粗细、颜色的绳子，在上面打上不同距离、大小的结来代表不同事物的数量。

部落的战利品

猛犸部落打了胜仗，他们获得了 15 只羊、10 只鸡、10 个男俘虏、8 个女奴隶。他们会怎样记载这场大胜仗呢？

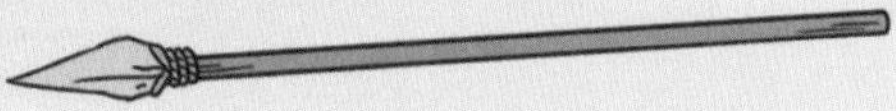

聪明的猛犸部落首领通过结绳记数的方法来记录这些"战利品"。他们用不同粗细、长短、颜色的绳子，打成大小不同的结就可以分辨出这些信息。

（15 只羊：对应 15 个白色的大结；10 只鸡：对应 10 个红色的小结；10 个男俘虏：对应 10 个黄色的粗结；8 个女俘虏：对应 8 个黑色的细结）

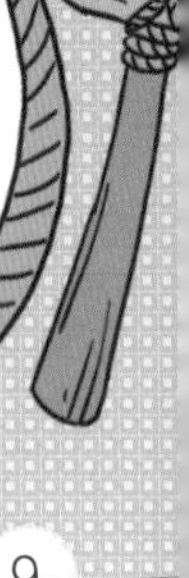

×**15**　　×**10**　　×**10**　　×**8**

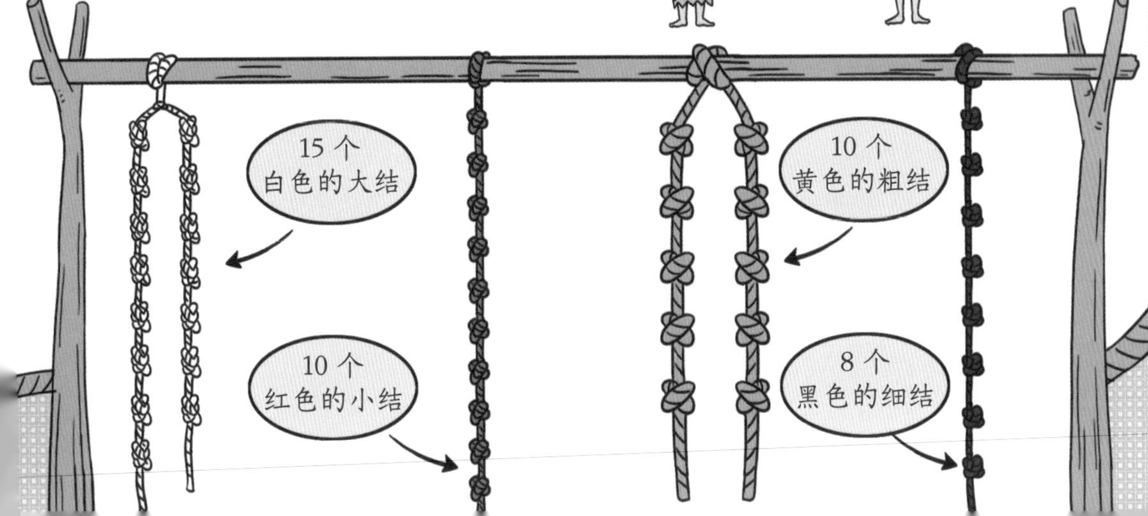

15 个白色的大结

10 个黄色的粗结

10 个红色的小结

8 个黑色的细结

用皮带计数

很久很久以前，有一位波斯国王，他在作战时要求士兵死守一座桥 60 天。但那时并没有数字来计时，士兵们怎么知道 60 天是多久呢？聪明的波斯国王在一条长皮带上系了 60 个结并告诉士兵："每过一天，你们可以解开一个结，当 60 个结全部解完，你们就撤退。"就这样，士兵们真的守足了 60 天才撤退。

一天解一个结。

把数字刻下来

除了结绳计数，原始人也会通过刻划石头、兽骨或木头的方式来计数。1937 年，考古学家在捷克斯洛伐克的摩拉维亚发现了一根距今约 40 万年的狼骨，在那根狼骨上面有 55 条深深的刻痕，这可能是现代人发现的最早的古人计数方式。

木头

兽骨

石头

玛雅人怎么表示数字？

在今天的墨西哥附近，曾有过一段叫作玛雅的古老文明，玛雅人在没有望远镜的时代就能准确地观测星体运动，并编制了复杂的年历。玛雅人只使用3种符号就可以表示所有的数字，他们的进位法是二十进制，跟我们使用的十进制大不一样。

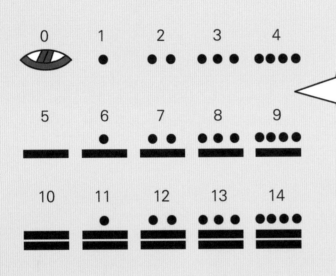

1~4用圆点表示，5和之后的数字用短横线和圆点配合表示。

玛雅人这样写"18"：用3个圆点表示3，再用3条表示5的横线来表示15。

各种各样的古代数字记录方式

美索不达米亚文明 （楔形文字）	𒁹	𒐀	𒐁	𒌋	𒐊
古罗马	I	II	III	IV	V
玛雅文明	•	••	•••	••••	▬
中国文明	一	二	三	四	五
阿拉伯数字	1	2	3	4	5

阿拉伯数字是谁发明的？

你知道吗？世界上通用的阿拉伯数字，其实并不是阿拉伯人发明的，而是古印度人发明的。可它为什么不叫印度数字而叫阿拉伯数字呢？

古印度的数字写法

1　2　3　4　5　6

7　8　9

阿拉伯数字的发明

公元 3 世纪左右，古印度科学家巴格达发明了阿拉伯数字。早期的阿拉伯数字只有 1、2、3，"4"是"2"和"2"相加。"5"是"2+2+1"或者"3+2"。后来人们用手写的五指符号表示数字"5"，用两个五指符号放一起来表示"10"，这就更简便了。

阿拉伯数字的记载

公元 5 世纪左右，天文学家阿叶彼海特进一步简化了数字。他用格子来表示数字：第一个格子里有一个代表 1 的圆点，那么第二个格子里的圆点就代表 10，第三个格子里的圆点则代表 100……这样可以表示非常大的数，而数字所在的位置和次序则变得非常重要。

0 1 2 3 4 5 6 7 8 9

被抓走的数学家们

在公元 7 世纪前后，旁遮普地区被阿拉伯人占领，好学的阿拉伯人发现印度的数字和记数法既简单又方便，简直太好用啦！于是，他们抓走了很多印度数学家，这些印度数学家被带到阿拉伯后，为当地人传授新的数学符号和体系以及印度式的计算方法。很快，这些方法被阿拉伯学者们所吸收。

我在哪里？我在做什么？我要回家！

科学无国界，赶紧讲吧！

数字的西进

后来，阿拉伯人把这种数字传入西班牙。在公元 10 世纪左右，教皇热尔贝·奥里亚克选用了阿拉伯数字，并将这种先进的记数法传到了欧洲其他国家。

本座是数字西进的第一位代言人。

教皇大人的眼光棒棒哒！

不懂阿拉伯数字，就别说自己是数学家！

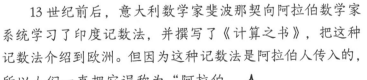

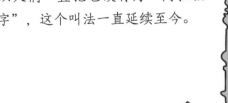

13 世纪前后，意大利数学家斐波那契向阿拉伯数学家系统学习了印度记数法，并撰写了《计算之书》，把这种记数法介绍到欧洲。但因为这种记数法是阿拉伯人传入的，所以人们一直把它误称为"阿拉伯数字"，这个叫法一直延续至今。

世界通用的数字是阿拉伯数字，但是在很久以前，由于地域及文化差异，世界各国的数字是有很大不同的。

在埃及人的象形文字中，数字要么用文字表示，要么用每个单位的符号来表示，必要时可以组合使用。

在吉萨金字塔附近的一座墓葬中发现了象形文字数字，其中 1 用一条竖线表示，10 用一种马蹄形表示，100 用短螺旋线表示，1 万用一根伸出的手指表示，10 万用一只青蛙表示，100 万用一个带有惊讶表情的人表示。

在埃及象形文字中，根据前面提到的顺序，高阶单位的数字位于低阶单位的右边。任何特定顺序的单位都不会出现重复的符号，因为所有的个位、十位、百位和千位，都有特殊的字符。下图是几个僧侣体（古埃及僧侣们记录使用的手写体）符号的代表例子：

| 1 | 2 | 3 | 4 | 5 | 10 | 20 | 30 | 40 |

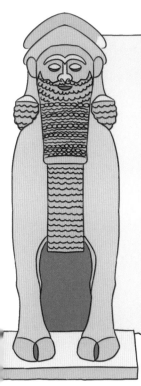

古巴比伦楔形文字的铭文是从左到右书写的，这在闪米特语言中是非常罕见的。根据顺序，高阶单位位于低阶单位的左边。书写中使用的符号主要是水平楔形➤、垂直楔形𝖸，两者的组合◀形成一个角度。这些符号彼此相邻，或者为了便于阅读和节省空间而彼此叠加。

1、4、10、100、14 、400 的符号表示如下：

| 1 | 4 | 10 | 100 | 14 | 400 |

古罗马数字

最早，罗马人大多是用手指计算和表示数字的，因为很不方便，后来他们在羊皮上画Ⅰ、Ⅱ、Ⅲ来代替手指；要表示一只手时，就写成"Ⅴ"形，即数字"5"，类似大拇指与食指张开的形状；表示两只手时，就画成"ⅤⅤ"形，后来又写成由一只手向上、一只手向下组成的"Ⅹ"，即数字"10"。为了表示较大的数，罗马人用符号"C"表示100，"D"表示500，而"M"则表示1000。

古罗马数字

Ⅰ	Ⅱ	Ⅲ	Ⅳ	Ⅴ	Ⅵ	Ⅶ	Ⅷ	Ⅸ	Ⅹ
1	2	3	4	5	6	7	8	9	10

XX	XXX	XL	L	LX	XC	C	D	M
20	30	40	50	60	90	100	500	1000

汉字与数字

　　很早以前，中国人就用象形文字表示数字 1~9，此外还发明了表示倍数的"十""百""千"。在中国的传统文化中，有大量用数字来表示的名词，比如八卦、九州、十天干、十二地支、二十八星宿等。古人还喜欢用数字来写诗，如宋代邵雍所写的"一去二三里，烟村四五家。亭台六七座，八九十枝花。"就巧妙地把十个数字嵌入诗中。

山村咏怀

　　古人很早就发现传统的数字"一二三四五六七八九十"很容易被涂改，给了贪污的官吏可乘之机，于是明代皇帝朱元璋优化了前人的发明，把数字改成"壹、贰、叁、肆、伍、陆、柒、捌、玖、拾、陌、阡"。其中陌和阡后来又演变成佰和仟。这些文字一直被沿用至今。

一 二 三 四 五 六 七 八 九

十 十五 二十 三十 卒 百 千 萬

二千九百三十四

汉字数字为什么这样写？

你有想过汉字数字的字形是怎么来的吗？"一""二""三"是手指横着数的样子，"六""七""八"也是仿照我们用手来模拟相应数字的造型。比如"六"是伸出大、小拇指，弯曲其他手指；"七"是伸出大拇指、食指和中指，弯曲剩余手指；"八"是伸出大拇指和食指；"九"是弯曲食指，剩余手指呈握拳状。

六

七

八

九

为什么阿拉伯数字用了一千多年才进入中国？

阿拉伯数字笔画简单，写起来方便，做笔算的时候也特别便利，因此很快就被世界各国的文化所接纳。然而，阿拉伯数字从公元8世纪就开始"敲中国大门"了，可直到20世纪初期，才在中国广泛地使用开来，这中间的一千多年时间里，究竟发生了什么呢？

算筹

第一次"敲门"

公元8世纪左右，古印度数字（阿拉伯数字）随着佛经一起到来，但是并没有被当时的中文书写系统接受，阿拉伯数字第一次进入中国，以失败告终。在唐宋以前，中国人大多使用算筹来计算。算筹对应的数字叫作"筹码"。"筹码"写起来也比较方便，所以阿拉伯数字在当时的中国没有得到推广和广泛运用。

	1	2	3	4	5	6	7	8	9
横式：	一	二	三	亖	亖	⊥	⊥	⊥	⊥
纵式：	Ⅰ	Ⅱ	Ⅲ	Ⅳ	Ⅴ	T	T	Ⅲ	Ⅲ

第二次"敲门"

13~14世纪之间，伊斯兰教徒开始在中国传教，阿拉伯数字卷土重来，可中文书写系统依旧不接纳它。阿拉伯数字第二次进入中国，再次以失败告终。虽然阿拉伯数字计算便捷，可当时，中国人使用的算盘是最先进的计算工具，人们用一把算盘就可以解决计算问题，因此，阿拉伯数字还是没有成功地征服中国人。

算盘

第三次"敲门"

明末清初，中国学者开始与世界文化接轨，他们翻译了大量西方数学著作，但书中的阿拉伯数字都被翻译为汉字数字。阿拉伯数字第三次进入中国还是以失败告终。

第四次"敲门"

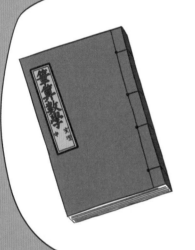

清朝末年，中国人对世界文化开始进行积极探索，原始版本的《笔算数学》对引进的阿拉伯数字做了介绍。随着当时人们书写方式逐渐从竖写向横写的转变，阿拉伯数字终于开始被接纳。

现代社会

20世纪初，随着中国对外国数学成就的引进和吸收，阿拉伯数字在中国才开始被广泛使用。目前，阿拉伯数字的使用在中国有100多年的历史，是人们学习、生活和交往中最常用的数字书写形式了。但由于阿拉伯数字容易因为改变小数点位置而产生变化，所以在特殊场合（如银行），人们还是会使用大写的汉字数字。

壹 贰 叁 肆 伍

生活和运算

在古代，人们不管是分配粮食还是出售牲畜，都要求对数量有准确的把握。这就要求人们要能做加、减、乘、除等运算。

加减符号

过去西方用 p 来表示"加"，用 m 表示"减"，到 16 世纪，今天的"+""－"符号出现了。

等号的来历

16 世纪之前，人们用拉丁文"æqualis"来表示相等的意思，是英国数学家罗伯特·雷科德率先使用两条平行线"="表示相等的含义。

乘除符号

实际上可以将乘法运算看成加速进行的加法运算。比如 3×4，实际上等同于 3+3+3+3。怎么样，前者是不是快得多呢？

而除法运算解决的是把一份东西平均分成若干相等份数的问题。比如 6，可以分为 1+5、2+4、3+3，但如果要平均分成 3 份，就只能采用 6÷3 的算法。

古代的计算器

人们最开始是用手指计数。当手指不够用后，又用起了石子等工具。古代中国人和古希腊人又先后发明了算盘。但在相当长的一段时间里，乘除法运算都是掌握了专业知识的人才能掌握的运算技能。

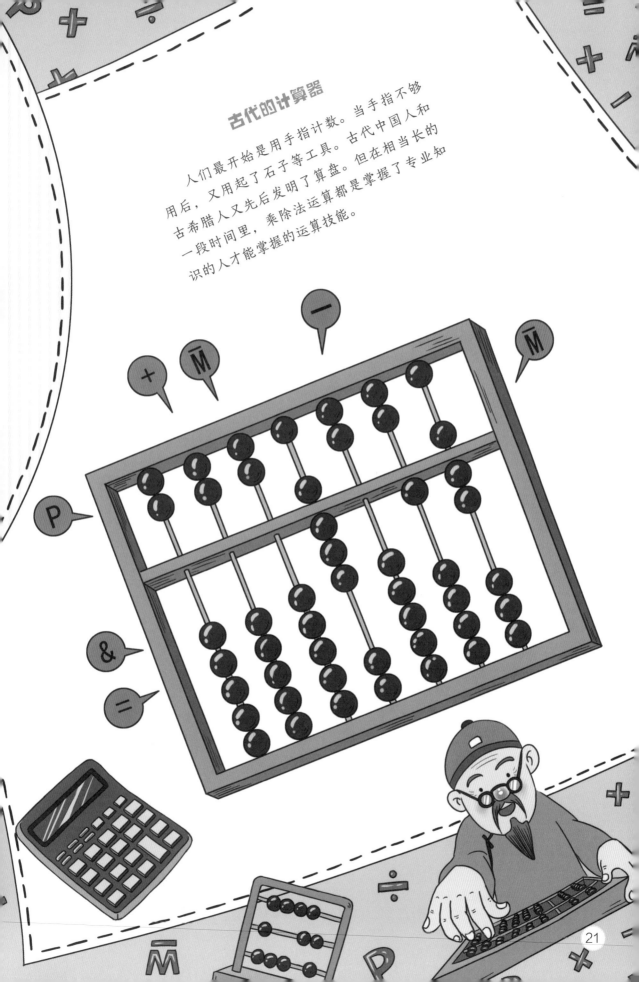

各种各样的计算工具

从数字诞生至今，人们发明了不少计算工具，从最早的结绳、刻痕，再到使用了千年的算筹、算盘，直到今天的计算器，越来越先进的计算工具让数字在生活中的使用变得更加方便、快捷。

1 中国的算筹

算筹大约出现在 2000 多年前的春秋战国时期。它多用竹子制成，大约二百七十几枚为一束，可以装在布袋里随身携带，使用时非常方便，中国古代数学的发展离不开算筹的帮助。

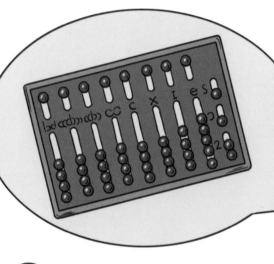

2 古罗马铜制算盘

1500 多年前，古罗马人发明了一种带槽的铜制算盘，槽中放着石子，可以上下移动石子进行计算。但古罗马人没有十进制，也没有数位的概念，铜制算盘运算笨拙，最终未能流行。

3 中国算盘

中国算盘的发明时间至今未有定论，大部分学者认为算盘起源于唐朝，盛行于宋朝。由于算盘制作方便、价格便宜，而珠算口诀也便于记忆，所以在中国被普遍使用，并且陆续流传到了日本、朝鲜和东南亚等国家和地区。至今，有的学校仍开设珠心算课程。

④ 差分机

1822年，英国数学家、发明家查尔斯·巴贝奇发明了第一台差分机，它可以处理3个不同的5位数，计算精度达到6位小数。

⑤ 世界上第一台计算机

1946年，美国人率先发明了世界上第一部电子数字积分器和计算器，叫作ENIAC，每秒钟可进行5000次加法运算。由于ENIAC没有晶体管，所以体积特别庞大，需要多人共同进行操作。

⑥ 富岳（Fugaku）超级计算机

截至2020年，日本的富岳（Fugaku）超级计算机是全球运算速度最快的计算机。

珠算架

手机计算器

6,68542

小町算是什么？

你玩过"小町算"这种数学运算游戏吗？先看看下面的规则吧。

把 1~9 的数字排成一行，只用 + 和 − 进行运算，所有数字都要用上且不能重复使用，最后得数必须等于 100。

比如：
45+8−9+123−67=100

你可以列出更多的算式吗？试试看吧。如果你想挑战更难的运算，还可以用上 × 和 ÷。

比方说:

1+2+3 × 4-5-6+7+89

1+2 × 3+4 × 5-6+7+8 × 9

小野小町的故事

小町算是一项在日本古代宫廷中十分流行的游戏,它与小野小町和深草少将之间的爱情故事有关。

小野小町是日本平安时期的女诗人。前来向她求爱的男子络绎不绝,其中有一位出身高贵的深草少将更是对她情有独钟。但并不想谈婚论嫁的小野小町为了让深草少将知难而退,提出一个条件:"要让我接受你,除非你连续100个夜晚来与我相会。"在接下来的99天,深草少将果然信守了诺言,但就在最后一天,因为寒冷和疲劳过度,深草少将终于倒在小野小町的门口,长眠不醒。江户时代的数学家就以这个故事为背景创作出了很多计算结果为99或100的数学游戏。

来自印度的独特算术法——三数法

印度人在数学方面很有造诣，"三数法"就是一种独特的简便运算方法，只要知道3个数，就可以求出要求的答案，你想知道怎么算吗？

三数法

12个橘子能换5个苹果，36个橘子可以换多少苹果？这里面只有"12""5""36"这3个数，而根据三数法，你需要先把不同类型的两个数相乘，再除以剩下的较小数。也就是用36个橘子乘以5个苹果，然后除以较小的12个橘子。怎么样，你能算出来可以换多少苹果吗？

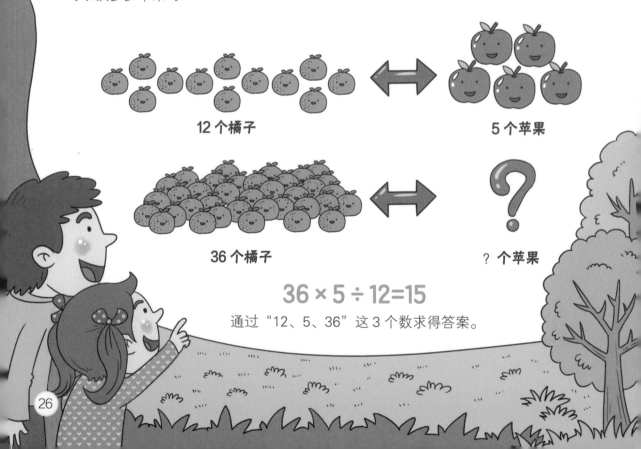

12个橘子 ⟷ 5个苹果

36个橘子 ⟷ ? 个苹果

$$36 × 5 ÷ 12 = 15$$

通过"12、5、36"这3个数求得答案。

三数法和黄金法则

在 16 世纪，印度人和西方人做生意的时候面临钱币不通用的问题，所以大家只能以物易物。为了快速得到结果，人们发明了三数法。

试试用 "三数法" 来解题

试试解下这道题吧："5 颗糖果 10 元钱，20 颗糖果要多少钱？"你得先用 20 颗糖果乘以价格 10 元，然后除以较小的糖果数 5，最后得到结果"40"元。

试一试

惹不起的数字"0"

后来，随着和 0 的关系越来越融洽，数字们才发现，0 原来是一个非常厉害的数字！

1

1. 最早的 0 的雏形出现在玛雅数字中，它那时候被画成一个空心的贝壳形。

玛雅的数字

0	1	2	3	4	5	6	7	8	9	10

20	40	60	80	100	120	140	160	180	200

2

2. 公元 5 世纪左右，古印度数学家婆罗摩笈多首次将 0 作为一个数字进行完整描述，并确定了 0 的运算规则。

婆罗摩笈多规则

规则 1
$$A + 0 = A$$

规则 2
$$A - 0 = A$$

规则 3
$$A \times 0 = 0$$

规则 4
$$A \div 0 = 0$$

后世的人抛弃了规则 4。

3

3. 0 在多位数中起占位作用，如 205 中的 0 表示十位上没有，但如果不写 0，它就变成了 25。

百位 十位 个位

205

← 占位作用

4

4. 0 是正数和负数的分界线，最常见的就是温度计上面的数字。

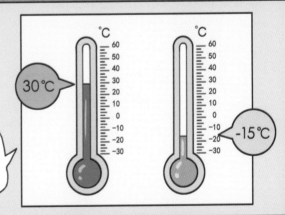

30℃

-15℃

我们用 0 和负数来表示温度。0 摄氏度（℃）代表水的冰点，而 100 摄氏度则是水的沸点。温度低于 0 摄氏度时就要用负数来表示了。

变化无穷的数字"1"

有时候，1很小，小到一块石子、一根树枝都可以指代1；有时候，1却很大，一盘鸡蛋大约有20枚，一盒糖果大约有50颗……在不同的领域，1都有不同的含义，它真是一个变化无穷的数字！

在数学领域中

1是既不是质数又不是合数的正整数和自然数。

1是最小的正整数。

任何数乘以或除以1都等于它自己。

1的倒数是1，相反数是－1。

1可以化成任何一个分子、分母相同的假分数。

1的因数只有它本身，是任何正整数的公因数。

1 的趣味计算：

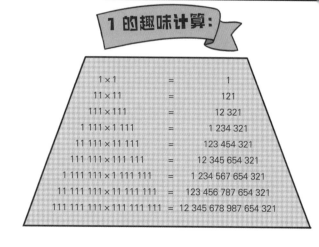

1×1	=	1
11×11	=	121
111×111	=	12 321
$1\,111 \times 1\,111$	=	1 234 321
$11\,111 \times 11\,111$	=	123 454 321
$111\,111 \times 111\,111$	=	12 345 654 321
$1\,111\,111 \times 1\,111\,111$	=	1 234 567 654 321
$11\,111\,111 \times 11\,111\,111$	=	123 456 787 654 321
$111\,111\,111 \times 111\,111\,111$	=	12 345 678 987 654 321

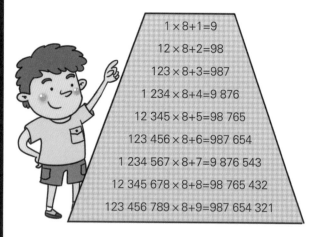

$$1 \times 8+1=9$$
$$12 \times 8+2=98$$
$$123 \times 8+3=987$$
$$1\,234 \times 8+4=9\,876$$
$$12\,345 \times 8+5=98\,765$$
$$123\,456 \times 8+6=987\,654$$
$$1\,234\,567 \times 8+7=9\,876\,543$$
$$12\,345\,678 \times 8+8=98\,765\,432$$
$$123\,456\,789 \times 8+9=987\,654\,321$$

在光学中

真空的折射率是1。

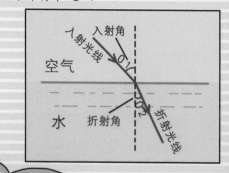

在天文学中

太阳与地球之间的平均距离为1个天文单位。

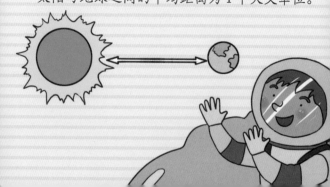

在物理学中

第一维度用一条直线来表示。

在汉语字典中

"一"往往是第一个部首和第一个字。

现代汉语词典

在货币中

1是最基本的货币基数，如1美元、1人民币、1英镑、1欧元等。

在乐理中

人们用1表示简谱上的do音。

在比赛中

成绩最好的运动员（队）被称为"第一名"。

面包师的1打

在欧洲的一些面包店里，面包是按重量出售的，顾客们往往会买1打面包。这时候，售货员会给对方13个面包。但其实1打只有12个，为什么会多给1个呢？据说是因为在中世纪的英国，如果面包店里的面包缺斤少两，店铺将会受到严厉的惩罚，所以面包店干脆买一（打）送一（个）。至今有些店里仍然会保留这个习惯。

奇妙的圆周率

圆周率的数字究竟有多长呢？要是全部计算出来也许会解开某个了不起的谜。

在人类历史上，人们在不断探寻圆周率的秘密。

中国古代著名数学家祖冲之在前人的基础上

首次将圆周率精算到小数点后第七位。

圆周率符号：

祖冲之

直径为 3cm 时，圆的周长为：3 × 3.14=9.42cm

圆的直径为：圆的周长 ÷ 3.14

3.14159 26535 89793 23846 26433 83279 50288 41971 69399 37510 58209
74944 59230 78164 06286 20899 86280 34825 34211 70679 82148 08651 32823
06647 09384 46095 50582 23172 53594 08128 48111 74502 84102 70193 85211
05559 64462 29489 54930 38196 44288 10975 66593 34461 28475 64823 37867
83165 27120 19091 45648 56692 34603 48610 45432 66482 13393 60726 02491
41273 72458 70066 06315 58817 48815 20920 96282 92540 91715 36436 78925
90360 01133 05305 48820 46652 13841 46951 94151 16094 33057 27036 57595
91953 09218 61173 81932 61179 31051 18548 07446 23799 62749 56735 18857
52724 89122 79381 83011 94912 98336 73362 44065 66430 86021 39494 63952
24737 19070 21798 60943 70277 05392 17176 29317 67523 84674 81846 76694
05132 00056 81271 45263 56082 77857 71342 7……

圆周率的数字究竟有多长呢？假如一直计算并把数字都写出来的话会怎么样呢？或许我们会有了不起的发现，又或许我们能够发现解开这个宇宙上的某个奇迹的线索。一直以来，探寻圆周率的大冒险从未停止。日本人也一直在挑战，去计算这无限延续的圆周率。事实上，日本出现了很多"圆周率冠军"。

$$\pi = 3.1415926$$
$$5358979323846$$
$$2643383219 \ldots$$

2002 年。金田康正计算出了小数点后第 1 兆位的圆周率，创造了世界纪录。之后，日本人也不断刷新着计算圆周率的世界纪录。

2011 年，一位公司职员近藤茂与美国人亚历山大·伊（Alexander J. Yee）合作，计算出了小数点后第 10 兆位的圆周率。

另外，日本还有另外一种圆周率冠军，那就是世界圆周率"背诵"冠军。原口证能够将圆周率背诵到小数点后 10 万位数，创造了世界纪录。

法老的数字谜题

同学们去埃及游玩，不小心被困在了法老的金字塔里。他们需要破解法老留下的 4 个数字谜题才能逃出金字塔，快来帮帮他们吧！

谜题一：法老在一张羊皮卷上留下了一幅神秘的图画，请算出这 3 种象形文字所对应的数字。

答案：鸟 =6，人 =3，符号 =2

谜题二：法老的墓室里摆着很多雕塑，它们虽然看起来一模一样，但其实有几座雕塑的衣帽、手杖、鼻环有细微的差别。找一找，一共有几个不同的雕塑？

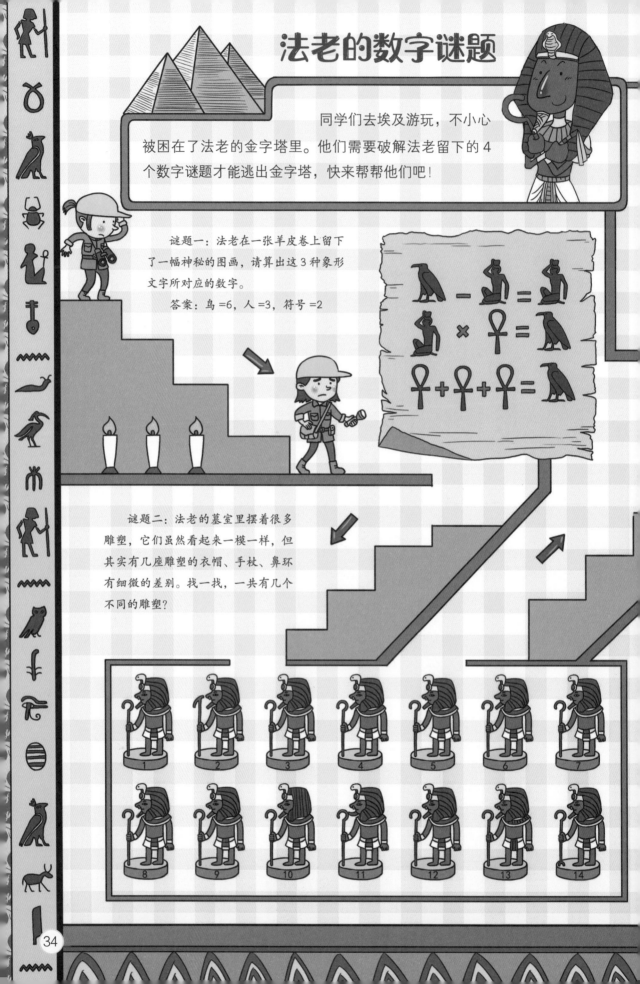

谜题三：金字塔里有很多没盖盖子的棺椁，但只有一副棺椁和棺盖相符，是哪一副呢？

谜题四：法老将金字塔的出口藏在了一片迷宫之后，快点儿跑起来，当心木乃伊追来！

起点

终点

神秘的数字 7

你知道吗？在所有的数字中，7 是神话故事中的宠儿，也是生活中最难以解释清楚的一个数字，它仿佛有种神秘的魔力，让许多和它相关的事件都变得有趣起来。

神话中的 7

古代玛雅人认为，他们的祖先是 7 个山沟里的 7 位神仙。

《圣经》中记载，上帝创造世界用了 6 天，第 7 天休息，因此信仰基督教的人都是在星期日休息时到教堂做礼拜。

佛教认为人有 7 情，分别是"喜、怒、忧、惧、爱、憎、欲。"

天主教中有 7 大罪，它们是傲慢、贪婪、淫欲、嫉妒、饕餮、暴怒和懒惰，传说犯有这 7 宗罪的人将万劫不复。

我国的七夕节在七月初七，故事的主人公七仙女是王母娘娘的第七个女儿。

在《白雪公主》中，拯救了公主的小矮人有 7 位。

生 活 中 的 7

一般的块状物品摔碎后会裂成 7 大块，原因未知。

地球上的陆地被分为 7 个大洲。

传统的颜色有 7 种：赤、橙、黄、绿、青、蓝、紫。

音乐有 7 个音符：Do、Re、Mi、Fa、Sol、La、Si。

骰子相对两面的点数加起来都是 7。

世界最高端的酒店被评为 7 星级酒店，世界上第一家 7 星酒店是迪拜的"帆船酒店"。

在化学定义中，pH 值为 7 代表溶液"中性"，即非酸亦非碱。纯净的水 pH 值就是 7。

数 学 中 的 7

在数学中，7 是一个特殊的数字，如果用 1、2、3、4、5、6 去除以 7，得数都是无限循环小数。这几个得数的循环节都在第 7 位，且每个得数小数部分的数字没有变化，只是顺序发生了变化。

$1 \div 7 = 0.\overset{\cdot}{1}4285\overset{\cdot}{7}...$

$2 \div 7 = 0.\overset{\cdot}{2}8571\overset{\cdot}{4}...$

$3 \div 7 = 0.\overset{\cdot}{4}2857\overset{\cdot}{1}...$

$4 \div 7 = 0.\overset{\cdot}{5}7142\overset{\cdot}{8}...$

$5 \div 7 = 0.\overset{\cdot}{7}1428\overset{\cdot}{5}...$

$6 \div 7 = 0.\overset{\cdot}{8}5714\overset{\cdot}{2}...$

不要问为什么，因为我就是如此神秘！

为什么中国人都喜欢数字 8？

在众多数字兄弟中，8一直是大家羡慕的对象，因为人们无论是选车牌号、还是手机号码都喜欢带8，似乎和8沾上边，就是和运气、福气沾上边，你知道这是为什么吗？

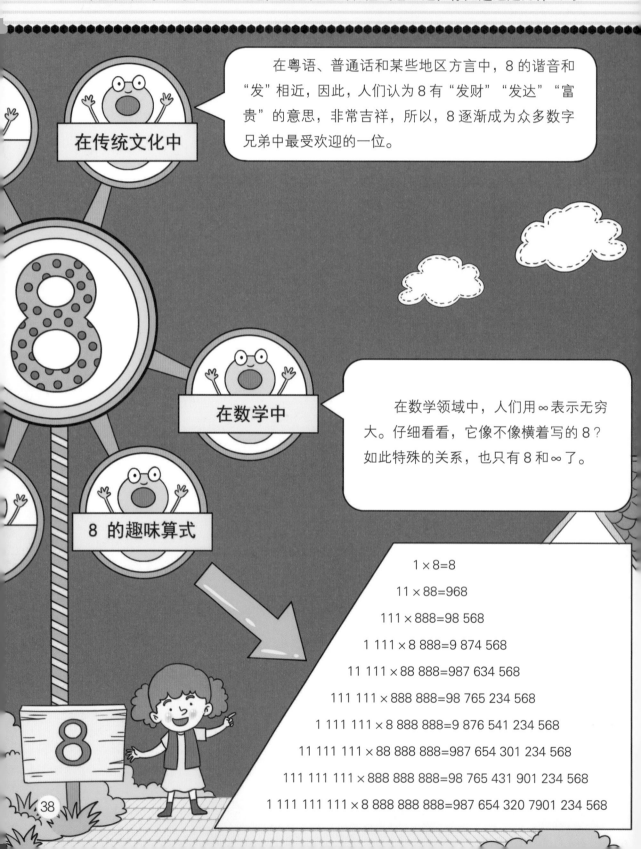

在传统文化中

在粤语、普通话和某些地区方言中，8的谐音和"发"相近，因此，人们认为8有"发财""发达""富贵"的意思，非常吉祥，所以，8逐渐成为众多数字兄弟中最受欢迎的一位。

在数学中

在数学领域中，人们用∞表示无穷大。仔细看看，它像不像横着写的8？如此特殊的关系，也只有8和∞了。

8 的趣味算式

$1 \times 8 = 8$

$11 \times 88 = 968$

$111 \times 888 = 98\ 568$

$1\ 111 \times 8\ 888 = 9\ 874\ 568$

$11\ 111 \times 88\ 888 = 987\ 634\ 568$

$111\ 111 \times 888\ 888 = 98\ 765\ 234\ 568$

$1\ 111\ 111 \times 8\ 888\ 888 = 9\ 876\ 541\ 234\ 568$

$11\ 111\ 111 \times 88\ 888\ 888 = 987\ 654\ 301\ 234\ 568$

$111\ 111\ 111 \times 888\ 888\ 888 = 98\ 765\ 431\ 901\ 234\ 568$

$1\ 111\ 111\ 111 \times 8\ 888\ 888\ 888 = 987\ 654\ 320\ 7901\ 234\ 568$

八十八城

　　美国有一个特别崇拜 8 的小城，它位于肯塔基州。据说，当地的邮政局长在给小镇取名的时候，兜里刚好有 88 个铜子，因此就叫这座小城为"八十八城"。有趣的是，8 月 8 号是这座小城的假日，小城里商品的价位大多是 88 或者 88 的倍数，连某年选举时的选票也是 88 票，简直太"名副其实"啦！

最受欢迎的数字 12

从一年有 12 个月，到天文中的 12 星座，再到表盘上的 12 个刻度，神话故事中与 12 相关的传说……无论在传统文化中，还是生活中，12 似乎一直深受人们的青睐。

一年为什么有 12 个月?

我们现代世界通用的公历（即一年 12 个月）算法源于古罗马历法。古罗马时期，人们最早将一年分为 10 个月，其中 6 个月有 30 天，4 个月有 31 天，这样算下来，一年只有 304 天，比地球公转的 365 天少了 61 天，少了的 61 天最开始连名称也没有，被古罗马人当作不定期的月份。

恺撒大帝时期，在天文学家们的建议下，多出来的月份总算有了安排，人们将多出来的 61 天分成了新的 1 月和 2 月，然后把最初的 1 月和 2 月往后推，这样，全年 12 个月总算定了下来。同时，恺撒大帝规定：单数月为 31 天，双数月为 30 天，但 2 月是例外，通常的 2 月是 29 天，每 4 年设置 1 个闰年，闰年的 2 月是 30 天。这就是最早的公历算法。

12 星座

在西方占星学中，人们将黄道分为 12 星座，不同的出生月份代表不同的星座，来看看你属于哪个星座吧！

	白羊座 3 月 21 日—4 月 19 日	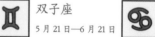	金牛座 4 月 20 日—5 月 20 日
	双子座 5 月 21 日—6 月 21 日		巨蟹座 6 月 22 日—7 月 22 日
	狮子座 7 月 23 日—8 月 22 日		处女座 8 月 23 日—9 月 22 日
	天秤座 9 月 23 日—10 月 23 日		天蝎座 10 月 24 日—11 月 22 日
	射手座 11 月 23 日—12 月 21 日		摩羯座 12 月 22 日—1 月 19 日
	水瓶座 1 月 20 日—2 月 18 日		双鱼座 2 月 19 日—3 月 20 日

身体中的  12

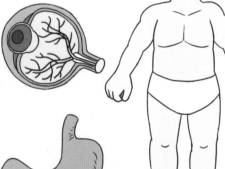

你知道吗？我们的身体中也有很多有趣的 12。我们的大脑中有 12 对脑神经；两只眼球共有 12 块成对分布的眼外肌；大多数人有 12 块胸肌、12 对肋骨、12 个胸节；从胃的幽门开始到小肠的起始段叫作十二指肠……看吧，连人体都是如此喜爱 12。

12

神话故事中的 12

古希腊神话是世界上最著名的神话故事之一。主神共有 12 位，他们居住在奥林匹斯山，被称作奥林匹斯十二主神，分别是：众神之王宙斯、天后赫拉、海神波塞冬、农业女神德墨忒尔、智慧女神雅典娜、光明之神阿波罗、狩猎女神阿尔忒弥斯、战争之神阿瑞斯、爱神阿佛洛狄忒、火神赫菲斯托斯、神使赫尔墨斯、炉灶女神赫斯提亚。

宙斯
Zeus

走马灯数是什么？

142857 是一组发现于埃及金字塔的神奇数字，它神奇在哪里呢？如果用数字 1~6 分别乘以它，你会得到结果和本身一样的数字，只不过顺序不同而已，所以它才被称为走马灯数。

一起来看看142857与1、2、3、4、5、6相乘后的神奇得数吧！

乘以1	$1\ 4\ 2\ 8\ 5\ 7 \times 1 = 1\ 4\ 2\ 8\ 5\ 7$
乘以2	$1\ 4\ 2\ 8\ 5\ 7 \times 2 = 2\ 8\ 5\ 7\ 1\ 4$
乘以3	$1\ 4\ 2\ 8\ 5\ 7 \times 3 = 4\ 2\ 8\ 5\ 7\ 1$
乘以4	$1\ 4\ 2\ 8\ 5\ 7 \times 4 = 5\ 7\ 1\ 4\ 2\ 8$
乘以5	$1\ 4\ 2\ 8\ 5\ 7 \times 5 = 7\ 1\ 4\ 2\ 8\ 5$
乘以6	$1\ 4\ 2\ 8\ 5\ 7 \times 6 = 8\ 5\ 7\ 1\ 4\ 2$
乘以7	$1\ 4\ 2\ 8\ 5\ 7 \times 7 = 9\ 9\ 9\ 9\ 9\ 9$

教你一个简单的计算口诀：142 把武器（142857 的谐音），计算乘法时，周一到周六，6 个数字按顺序去值班，等到周日了，大家放假啦，999999 来帮大家值班。怎么样，好玩吗？

再试试 142857 乘以 8、9、10 看看

乘以8 ▶

1　4　2　8　5　7 × 8 = ①　1　4　2　8　5　⑥

乘以9 ▶

1　4　2　8　5　7 × 9 = ①　2　8　5　7　1　③

乘以10 ▶

1　4　2　8　5　7 × 10 = ①　4　2　8　5　7　⓪

用走马灯数乘以 8、9、10 时，用结果的首位和末位相加，你就会看到 142857 的组合。

怎么样，142857 的表现是不是一如既往的稳定呢？

用颜色区分数

首先，让我们试着把九九乘法运算表中所有个位上是 7 的数字涂成黄色，一共有 4 个数字。然后我们把个位数上是 9 的所有数字都涂成红色。紧接着我们把所有个位上是 6 的数字都涂成蓝色。你发现什么规律了吗？把虚线 AC 与 BD 对折起来试试，看看会变成什么样呢？（同样的颜色重叠在一起了。）

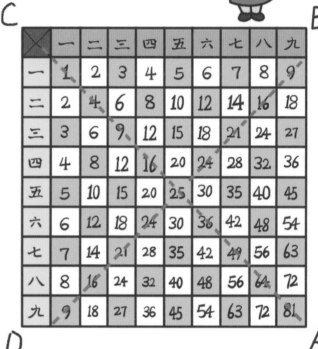

（图一）

沿虚线 AC 对折九九乘法运算表后，重叠在一起的黄色是由 1×7 和 7×1 得到的 7 以及由 3×9 和 9×3 得到的 27，两组数的乘数与被乘数是相反的。那么将表格沿虚线 BD 对折后重叠在一起的黄色的 7 与 27 会变成什么样呢？写成乘法算式就成了 1×7 和 3×9、7×1 和 9×3，红色的 9 和 49 的算式可以变成 3×3 和 7×7，再比如蓝色的 16 和 36，可以变成算式 4×4 和 6×6。发现什么了吗？各组算式中的数字加起来的和都是 20，不可思议吧！

1+9=10
7+3=10

1×7
3×9

7×1
9×3

3×3
7×7

4×4
6×6

九九乘法运算表中还藏着多少你不知道的秘密呢？

在图 2 所示数字表中，用直线把相加等于 50 的两个数字，如 15 和 35、16 和 34、17 和 33、12 和 38，连接起来看看。你会发现，这些线相交产生一个交汇点，就是数字 25。接着分别连接 4 和 46、9 和 41、24 和 26……直线都在数字 25 的地方交汇了，真的是不可思议啊！"25"究竟有什么特别的呢？它是数字"50"的一半。

1	2	3	4	5	6	7	8	9	10
11	12	13	14	15	16	17	18	19	20
21	22	23	24	25	26	27	28	29	30
31	32	33	34	35	36	37	38	39	40
41	42	43	44	45	46	47	48	49	50

图 2

其他的数字也可以吗？

在图 3 中用直线分别连接 11 和 33、2 和 42、1 和 43，所有直线在（44 的一半）22 的地方交汇！接着，加起来等于 40 的数字会怎么样？连接 10 和 30 的直线通过 40 的一半 20 的地方。连接 26 和 14、33 和 7、4 和 36 呢？对！交汇点就是"20"。

1	2	3	4	5	6	7	8	9	10
11	12	13	14	15	16	17	18	19	20
21	22	23	24	25	26	27	28	29	30
31	32	33	34	35	36	37	38	39	40
41	42	43	44	45	46	47	48	49	50

图 3

日	一	二	三	四	五	六
			1	2	3	4
5	6	7	8	9	10	11
12	13	14	15	16	17	18
19	20	21	22	23	24	25
26	27	28	29	30		

日历页也可以这样吗？自己来试一试吧！

想一想

为什么动物也能代表数字？

是的，你没有看错，动物也是可以代表数字的。在现代生活中，我们使用"时""分""秒"来记录时间，但在古代，人们是用十二地支来计时的。十二地支对应着十二生肖，代表了一天中的 12 个时辰：子（zǐ）、丑（chǒu）、寅（yín）、卯（mǎo）、辰（chén）、巳（sì）、午（wǔ）、未（wèi）、申（shēn）、酉（yǒu）、戌（xū）、亥（hài）。

十二生肖和十二时辰

这个表跟现代的时钟不一样，它标注了汉字和中文数字呢。

中国古代时间的划分

古时候，一天被分为 12 个时辰，一个时辰是现代的 2 个小时。一个时辰中有八刻，一刻也就是现代的 15 分钟。一刻有三盏茶，三盏茶就是现代的 5 分钟。一盏茶有两炷香，一炷香就是 2 分 30 秒。

想一想，如果一个人约你在申时三刻去喝茶的话，你应该几点到茶馆呢？

答案：15:45。

子时	丑时	寅时	卯时	辰时	巳时
23:00-00:59	01:00-02:59	03:00-04:59	05:00-06:59	07:00-08:59	09:00-10:59
午时	未时	申时	酉时	戌时	亥时
11:00-12:59	13:00-14:59	15:00-16:59	17:00-18:59	19:00-20:59	21:00-22:59

古人怎样知道时间？

古代没有手机、手表，古人是怎样知道时间的呢？

在中国古代，城镇中都设有钟楼、鼓楼，傍晚鼓声响起后，城门就会关闭，每个坊（里巷，街巷）之间也互相不能来往；等到黎明时分，钟声响起，城门打开，人们才可以自由活动，因此会有"晨钟暮鼓"的说法。

点卯

古代的官员们非常勤劳，他们在早上卯时就开始"上班"了，因此，古代有"点卯"的说法。

更夫

古时候，一夜被划为五更，每更都会有人打更报时，打更报时的人被称作"更夫"。更夫一般有 2 人，他们一个拿着锣鼓或梆子敲击，一个打着灯笼报时，非常默契。

藏在身体里的数字

大脑真奇妙

大脑有大约 1000 亿个神经元。

每个神经元又连接着差不多 10000 个其他神经元。

这意味着，你的大脑里可能有 1×10^{15} 个神经元相互连接着。

平均算来，儿童的脑部重量差不多等于一辆两厢小轿车车身重量的 1‰ ~1.25‰。

5700 个 10 岁儿童的大脑总重量差不多等于一头成年大象的体重。

心脏有多了不起

心脏每一秒都在跳动，在儿童时期，你的心脏每天大约跳 10 万次，一年大约跳 3650 万次。如果你能活到 80 岁，心脏差不多要跳 29 亿次。

心跳一次所产生的压力可以把水喷出 1.8 米高。

心脏跳动使得血液流遍全身，循环往复。血液在人体内每天循环大约 1895 次。

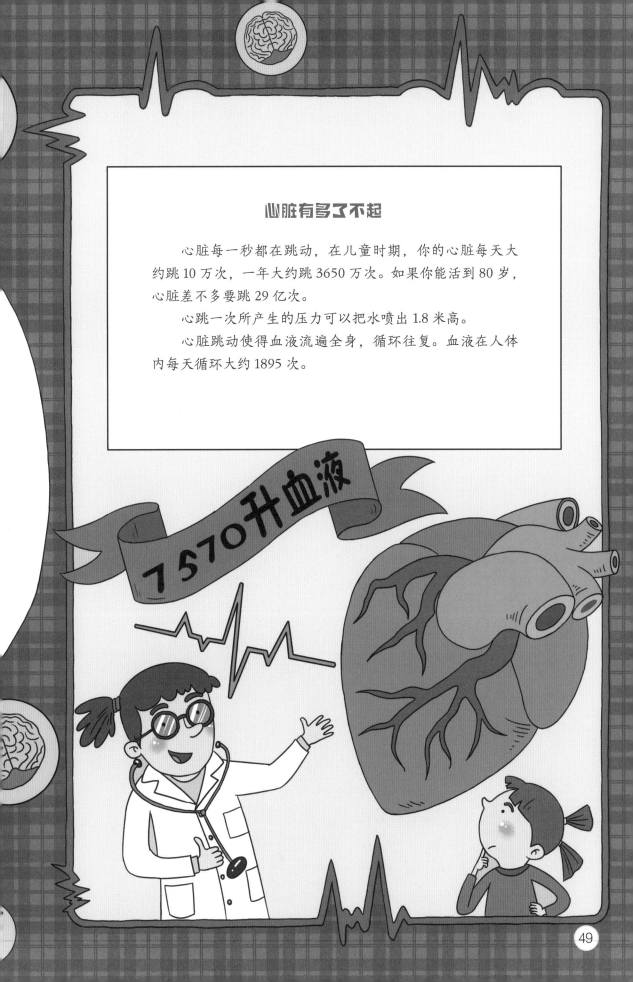

7570升血液

宝贝的成长

大约 1×10^{15} 个细胞构成了你的身体。这么多细胞都来自母亲子宫里的一个受精卵。细胞分裂一次需要用 12~24 个小时。

受孕后，你只是 1 个细胞。

12 小时后，你会分裂成 2 个细胞。

3 天过去了，你还只有 12 个细胞。

3 周后，你这个胚胎已经有 10 亿多个细胞了。

3 个月后，胎儿看上去已经有了人形，这时候差不多有 1×10^{15} 个细胞。

细菌的数量

人体内部每个细胞里都有至少 10 种细菌。这些细菌的数量也很惊人，差不多有 1×10^{15} 个。

大部分细菌对你有好处，它们在胃部和肠道里帮你消化食物呢。

算算你活了多久？

10 岁生日的时候，你已经活了：

10 年

120 个月

3652 天（里面有两个闰年）

87648 小时

5258880 分钟

315532800 秒

怎么样，从没想过自己已经经历过这么长的时间了吧？

奇妙的眼睛

直径只有 24 毫米左右的眼球可以让你看到来自许多万光年之外的星星，还能看到空气中到处飘浮的灰尘。

为了让眼睛保持湿润，每天我们会眨眼超过 1 万次。

眼睛靠上百万根神经纤维和大脑连接在一起。

灵敏的鼻子

我们靠嗅黏膜里上千万个嗅细胞来分辨气味。

普通人鼻子可以区分 4000 种不同的气味。而如果加以训练，说不定能分辨出 1 万种以上的气味。

发达的肌肉

成年人一般拥有约 639 块肌肉。大块的肌肉重量可以达到 2 千克，而小的肌肉可能只有几克。

大约 60 亿条肌纤维共同组成了这些肌肉，最长的肌纤维有 60 厘米长，最短的只有 1 毫米长。由它们组成肌肉束，来帮助我们控制身体的运动。

约 44 块面部肌肉可以帮助我们做出 10000 多种表情。

偶数和奇数

你知道什么是偶数，什么是奇数吗？偶数就是能被 2 整除的整数，而奇数是无法被 2 整除的整数。

偶数多，还是奇数多？

这里有 1 颗骰子，上面有 1、2、3、4、5、6 共 6 种点数，偶数和奇数点数的数量是一样多的。那么，用两颗骰子上的数相加组合出的数字中所包含的偶数和奇数谁更多呢？为了防止数错或者漏数，你可以用下面这幅图所示的方法来记录所有的投骰子结果。

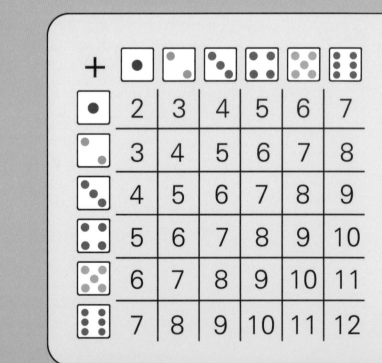

+	●	● ●	● ● ●	● ● ● ●	● ● ● ● ●	● ● ● ● ● ●
●	2	3	4	5	6	7
● ●	3	4	5	6	7	8
● ● ●	4	5	6	7	8	9
● ● ● ●	5	6	7	8	9	10
● ● ● ● ●	6	7	8	9	10	11
● ● ● ● ● ●	7	8	9	10	11	12

数一数，你会发现偶数有 18 个，奇数也有 18 个，偶数和奇数的数量一样多。

再仔细看看，你会总结出一些规律：偶数 + 偶数 = 偶数，偶数 + 奇数 = 奇数 …… 你还能找到哪些规律呢？为什么不管怎么加，偶数和奇数都一样多呢？你能说说原因吗？

偶数 ＋ 偶数 ＝ 偶数

偶数 ＋ 奇数 ＝ 奇数

奇数 ＋ 偶数 ＝ 奇数

奇数 ＋ 奇数 ＝ 偶数

好玩的形数

有人在单纯的数字和几何形状之间建立起了关系。这其实很简单，一些数可以排列成特定的几何形状，比如下图这些数。我们用它们所构成的几何形状来给它们分类。

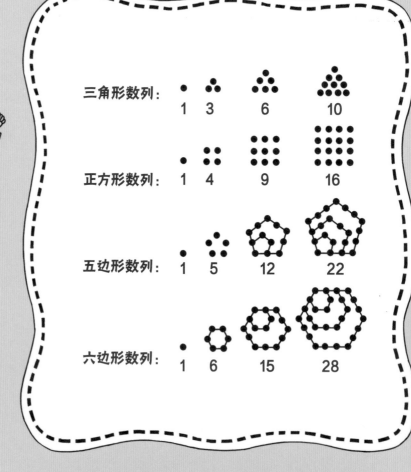

三角形数列：	1	3	6	10
正方形数列：	1	4	9	16
五边形数列：	1	5	12	22
六边形数列：	1	6	15	28

在上图中，你能发现一些有趣的规律吗？给你个提示：第 n 个正方形数列等于第 n 个三角形和第 $n-1$ 个三角形数列之和。你能找出更多的特性来吗？

三角形数列： 1　3　6　10　15

正方形数列： 1　4　9　16　25

五边形数列： 1　5　12　22　35

六边形数列： 1　6　15　28　45

　　其实，从三角形数列到六边形数列还可以这样排列，是不是也是一种独特的规律和美呢？你要不要试试别的排列方法？

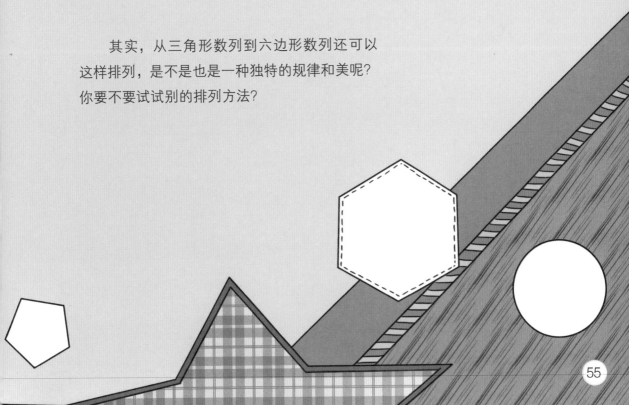

斐波那契数列

你听说过大名鼎鼎的"斐波那契数列"吗？它和许多数学分支领域都有关系，这是一件十分神奇的事。斐波那契数列出现在公元 13 世纪由斐波那契所著的《计算之书》中。正是这本书把阿拉伯数字和十进制介绍到了欧洲，从而推动了欧洲数学的发展。而斐波那契数列则和书中一道关于兔子繁殖问题的数学题有关。让我们来看一看这道题吧：

一开始有一对兔子，如果每对兔子每个月都可以生育一对小兔子，而新生的兔子从第二个月开始具有生育能力，那么一年后会生出多少对兔子。所谓斐波那契数列，就是表示这对兔子接下来生育数量的数列图中成年兔子的对数。

月份	兔子树	成年兔对数（A）	小兔子对数（B）	总对数
1月1日		1	0	1
2月1日		1	1	2
3月1日		2	1	3
4月1日		3	2	5
5月1日		5	3	8
6月1日		8	5	13
7月1日		13	8	21
8月1日		21	13	34
9月1日		34	21	55
10月1日		55	34	89
11月1日		89	55	144
12月1日		144	89	233
次年1月1日		233	144	377

如果我们假设斐波那契数列为 f，而第 n 个月的兔子对数是 fn，你可以看到：

$f_1=1$

$f_2=1$

$f_3=f_2+f_1=1+1=2$

$f_4=f_3+f_2=2+1=3$

$f_5=f_4+f_3=3+2=5$

$\vdots$

$f_n=f_{n-1}+f_{n-2}$ 　其中 n 为 ≥ 3 的整数

发现了吗？从第三项开始，每一项都等于它前面两项的和。

大数到底有多大？

你能想到的最大数字单位是亿，我猜得对吗？你还能想到更大的数字吗？其实，这样的数是非常多的。

一
十 10 的 1 次方；
百 10 的 2 次方；
千 10 的 3 次方；
万 10 的 4 次方；
亿 10 的 8 次方；
兆 10 的 12 次方；
京 10 的 16 次方；
垓 10 的 20 次方；
秭 10 的 24 次方；
穰 10 的 28 次方；
沟 10 的 32 次方；

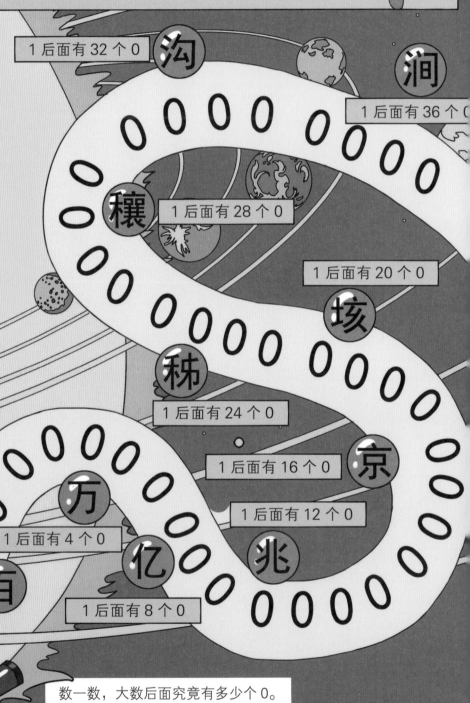

沟 1 后面有 32 个 0

涧 1 后面有 36 个 0

穰 1 后面有 28 个 0

垓 1 后面有 20 个 0

秭 1 后面有 24 个 0

京 1 后面有 16 个 0

兆 1 后面有 12 个 0

万 1 后面有 4 个 0

亿 1 后面有 8 个 0

数一数，大数后面究竟有多少个 0。

100000000000000000000000000000000000000000000

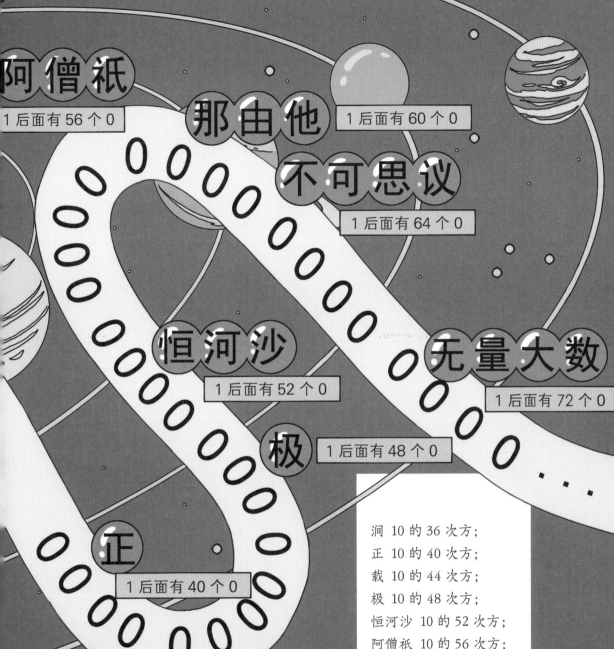

阿僧祇　1 后面有 56 个 0

那由他

不可思议　1 后面有 64 个 0

1 后面有 60 个 0

恒河沙　1 后面有 52 个 0

无量大数　1 后面有 72 个 0

极　1 后面有 48 个 0

正　1 后面有 40 个 0

载　1 后面有 44 个 0

涧 10 的 36 次方；
正 10 的 40 次方；
载 10 的 44 次方；
极 10 的 48 次方；
恒河沙 10 的 52 次方；
阿僧祇 10 的 56 次方；
那由他 10 的 60 次方；
不可思议 10 的 64 次方；
无量大数 10 的 72 次方；
……

1 后面的 0 有 69 个，
所以是 70 位数。

能找到最小的小数吗？

让我们再来看看古人是怎么表示那些非常非常小的数的。如果以 10 来退位，0 和 1 之间有无穷个这样的数。

> 现在，我们通过改变小数点的位置来得到任何一个你所需要的小数。

分 10 的 –1 次方　　　　微 10 的 –6 次方
厘 10 的 –2 次方　　　　纤 10 的 –7 次方
毫 10 的 –3 次方　　　　沙 10 的 –8 次方
丝 10 的 –4 次方　　　　尘 10 的 –9 次方
忽 10 的 –5 次方　　　　埃 10 的 –10 次方

			1
分		小数点后 1 位	0.1
厘		小数点后 2 位	0.01
毫		小数点后 3 位	0.001
丝		小数点后 4 位	0.0001
忽		小数点后 5 位	0.00001
微		小数点后 6 位	0.000001
纤		小数点后 7 位	0.0000001
沙		小数点后 8 位	0.00000001
尘		小数点后 9 位	0.000000001
埃		小数点后 10 位	0.0000000001

> 数字有多小，取决于小数点后有多少个 0。0 越多，它就越小。

渺
漠
模糊
逡巡
须臾
瞬息
弹指
刹那
六德
虚空
清净
阿赖耶
阿摩罗
涅槃寂静

渺 10 的 −11 次方　　　刹那 10 的 −18 次方

漠 10 的 −12 次方　　　六德 10 的 −19 次方

模糊 10 的 −13 次方　　虚空 10 的 −20 次方

逡巡 10 的 −14 次方　　清净 10 的 −21 次方

须臾 10 的 −15 次方　　阿赖耶 10 的 −22 次方

瞬息 10 的 −16 次方　　阿摩罗 10 的 −23 次方

弹指 10 的 −17 次方　　涅槃寂静 10 的 −24 次方

小数点后11位	0.00000000001
小数点后12位	0.000000000001
小数点后13位	0.0000000000001
小数点后14位	0.00000000000001
小数点后15位	0.000000000000001
小数点后16位	0.0000000000000001
小数点后17位	0.00000000000000001
小数点后18位	0.000000000000000001
小数点后19位	0.0000000000000000001
小数点后20位	0.00000000000000000001
小数点后21位	0.000000000000000000001
小数点后22位	0.0000000000000000000001
小数点后23位	0.00000000000000000000001
小数点后24位	0.000000000000000000000001

原子的直径是 0.00000001 毫米，它组成了我们身边的万物。

要命的病毒比原子大得多，常见病毒的直径是 0.0001 毫米。

单细胞原生动物草履虫约长 0.25 毫米。

血液里的红细胞直径为 0.008 毫米。

"＋、－、×、÷"的故事

你知道 + 和 –来自哪里吗?

"+"和"–"是做算术题时的常用符号,它们让计算过程变得简单。但最早它们是怎么来的呢?

有人认为"–"和航海有关。传说水手出海时会用桶装满淡水带上。每当淡水被喝掉一部分后,水手就会在相应位置画一条短横线来记录还剩多少水。这就是减号的由来。

水变少之后需要重新补充,当加好水后,水手会在原来记录的短横线上画一条竖线,表示这里已经加上水了。这就是"+"的由来。

× 和 ÷ 的由来。

17 世纪的英国有一位叫作威廉·奥特雷德的数学家，他首先使用"×"来表示乘法运算。但这个符号和拉丁字母中的 X 很像，使用起来往往会被混淆，因此也有国家用"·"或"*"来表示乘号。

17 世纪，瑞士数学家约翰·海因里希·雷恩首先使用"÷"作为除法符号。中间的横线－表示的是分数，下面的点意为分母，上面的点代表分子。除了"÷"外，人们也用"/"或者"："来表示除法运算。

这里是 +、－、×、÷ 的通用笔顺，快看看你写对了吗?

+、－、×、÷ 符号的笔顺，在教科书中一般都是如右图中标记的顺序这样来写的。

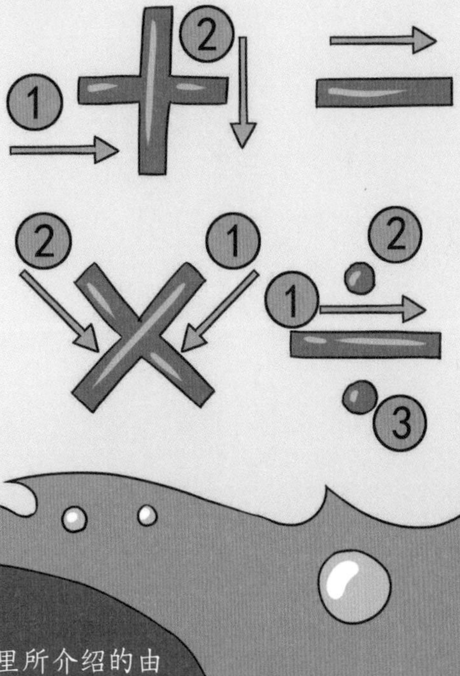

当然，这里所介绍的由来只是众多说法中的一种而已。关于 +、－、×、÷ 的起源，还有许多其他的故事，你可以自己探索一下。看看哪种听上去更有趣呢?

分数是怎么来的？

最早提出分数概念的是古埃及人，他们用分数的知识来分面包。比如，给3个人分2块面包，怎样才能分得均匀呢？古埃及人是这样分的（见方法1）：先把一块面包平分成2份，给前两个人，然后把第二块面包平分后，其中一半给第三个人，剩下一半再均分成3份，3人一人一份，这样就分均匀了。聪明的古埃及人还想到了更多分配方式（见方法2、方法3）。你能说一说他们是怎么分面包的吗？

方法1:

方法2:

方法3:

古埃及人的分数比较特殊，它们的分子都是 1，这样的分数叫作单位分数，或者非零整数的倒数。

分一分：

如果你有 5 块蛋糕，能不能用古埃及人的办法将它们平均分给 8 个小朋友呢？

你也许会把每个蛋糕分成 8 份，一共 40 份，这样每人得到 5 份，但埃及人的方法更加有趣。

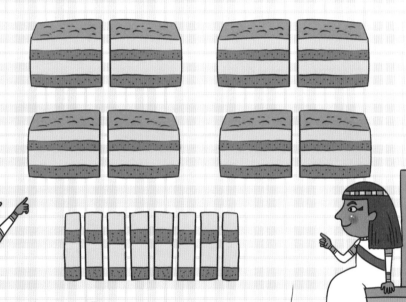

$$\frac{5}{8} = \frac{1}{2} + \frac{1}{8}$$

先把其中 4 块蛋糕平均分成 2 份，然后分给 8 个小朋友，最后一块蛋糕平均分成 8 份，每人一份，这样，大家都能得到一样多的蛋糕。

地球上布满了数字

你知道吗？为了精准定位，人们在地球上标满了数字，这些数字形成一个个坐标，它们通常被称作经纬度。知道具体的经纬度，你就能在地球上找到自己所在的位置。

本初子午线和经线

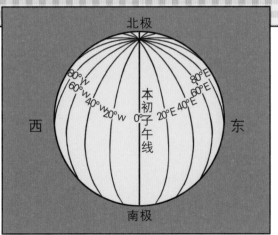

在地球上，有一根连接南北两极的经线，它位于英国伦敦格林尼治天文台原址，被称为本初子午线。本初子午线是地球上的零度经线，经线指示南北方向，所有的经线长度相等，经线标注的度数就是经度。

世界上的时区由经度划分，不同经线的地区具有不同的地方时，一般来说偏东的地方时要早一些，偏西的地方时要迟一些，每 15 个经度便相差一个小时。

如北京时间属于东八区（UTC+8），东京时间则属于东九区（UTC+9），因此东京时间要比北京时间早一个小时。

纬线

纬线是指地球表面某点随地球自转所形成的轨迹。纬线像是一个个的圈，把地球全部圈了起来。所有的纬线都指向东西方向，它们是相互平行的，并与经线垂直。最长的纬线就是赤道，赤道以北的纬线被称作北纬，赤道以南的纬线被称作南纬，越靠近赤道，气温越高。

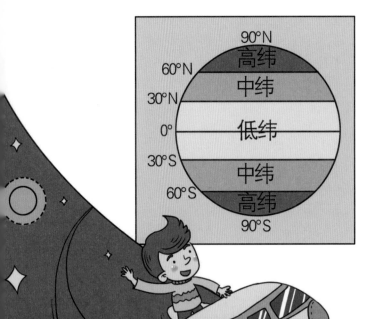

经线

纬线

经纬线

经纬度就是经度和纬度在地球上组成的一个个坐标系统，经线和纬线像一张大网一样，将地球每个位置都分得清清楚楚，而你的位置，就是你所在的经度和纬度组成的坐标系统。如北京位于地球的东经 115.7°~117.4°，北纬 39.4°~41.6°，有了这些数字，即使地球仪上没有标注，你也能找到北京的位置。

不断绕圈的飞行路线

在地球仪上找找巴黎和纽约的位置，假如你是一位驾驶员，你会怎样设置从巴黎到纽约的飞行路线？有人说，在两个城市间画一条直线不就可以了，那真的是大错特错了。地球是椭圆形的，所以，两地之间的最短距离肯定不是一条直线，而是一段弧线。

破译数字密码

姐姐从外地给妹妹带回来一份礼物，只有破解了下面纸上的密码，妹妹才能找到礼物。

> 密码是用数字来表示的，你需要开动脑筋好好想想。

| 4.2 | 6.8 | 7.5 | 7.1 |
| 2.5 | 3.3 | 2.9 | |

 给你个提示，这些数字和下面的汉字密码表有关系。

	1	2	3	4	5	6	7	8	9
1	我	猫	又	添	无	年	非	难	爱
2	白	爱	你	的	抽	月	星	不	里
3	它	地	屉	鸟	飞	千	山	万	烟
4	条	巧	日	轮	海	爆	棉	花	尽
5	是	天	卧	手	换	唉	奇	日	不
6	下	无	叶	黄	依	河	入	克	海
7	在	流	驻	外	力	桃	华	三	支

小提示

爱 =22

飞 =35

日 =43

手 =54

三 =78

要是看不出来数字和文字之间关系的话，就看看这张图吧，它能给你启发：

	1	2	3	4	5	6	7	8	9
1	我	猫	又	添	无	年	菲	难	爱
2	白	爱	你	的	抽	月	星	不	里
3	它	地	屉	鸟	飞	千	山	万	烟
4	条	巧	日	轮	海	爆	棉	花	尽
5	是	天	卧	手	换	唉	奇	日	不
6	下	无	叶	黄	依	河	入	克	海
7	在	流	驻	外	力	桃	华	三	支

横排和竖排数字交汇处的汉字就是你要找的密码。通过姐姐给的数字把密码找出来，你就能知道礼物的下落啦。

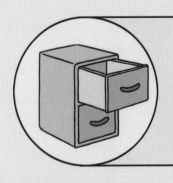

西西找到了姐姐藏起来的礼物，她可真开心啊！原来答案就是：巧克力在抽屉里。

将计算持续了 20 年的数字表

"我非常讨厌计算，计算真的很麻烦！"

有这种想法的人请务必读一下接下来的内容。

400年前，有一个人用20年时间持续进行着同一个计算。他的名字叫约翰·纳皮尔。

他为什么要持续计算呢？

那是为了拯救很多人的性命。

纳皮尔于 1550 年出生在一个叫作苏格兰的国家。他是一座城的主人，由于住在这座城周围的人们有很多的困扰，所以他想要去帮助他们。

例如，听到村里的人说"有妖怪出没，妖怪吃尽了田里的食物"时，他就通过计算制造出可以驱除所有大型生物的大炮，让大家放下心来。

听到挖石炭的村民说"地下水涌出来了，好困扰"时，他就通过计算创造出了可以将水从洞里抽出来的工具。

像这样，纳皮尔做着帮助周围人民的工作。

在纳皮尔生活的那个时代，也是人们可以乘坐大船去往遥远国度的一个时代，被称作"大航海时代"。有很多国家相互竞争，建造大型船只，想要在几个月中穿越海洋去追求自己想要的东西。

但是，这样就产生了一个大问题：很多水手在浩瀚的大海中不知道自己身处何处，以致弄错了方向，最终丢失了性命。

"有没有办法拯救会在航海时死去的众多生命呢？……"

产生这种想法并站出来行动的人就是纳皮尔。

当时，纳皮尔 44 岁。他靠自己的努力坚持计算了 20 年。纳皮尔的目标是编制一个叫作"对数表"的数字表帮助天文学家、航海家进行麻烦且大规模的数字计算，使计算变得非常简单，因此就能大幅度减少在海洋上无法知道自己身处何处的问题。

20 年后，纳皮尔完美地完成了这一目标。他在 64 岁时完成了数字表。仿佛耗尽了全力一般，他在 3 年后与世长辞。

这个数字表经由其他数学家之手得到完善之后帮助了全世界苦于计算的人们。

数字和计算有时候拥有很强大的力量，可以拯救人的生命。

30	3173047	11478920	10948332	530594	9483237	30
31	3175805	11470237	10938669	531568	9482314	29
32	3178563	11451556	10919013	532543	9481390	28
33	3181321	11452883	10919364	533519	9480465	27
34	3184079	11444219	10902723	534496	9479539	26
35	3186837	11435503	10900090	535473	9478612	25
36	3189594	11426915	10890464	536451	9477685	24
37	3192351	11418275	10880845	537430	9476757	23
38	3195108	11400644	10871234	538419	9475828	22
39	3197864	11421021	10861630	539391	9474898	21
40	3200620	11302406	10852033	540373	9473967	20
41	3203375	11383800	10842444	541356	9473035	19
42	3206130	11375202	10832862	542340	9472103	18
43	3208885	11366612	10823287	543325	9471170	17
44	3211630	11358030	10813719	544311	9470236	16
45	3214395	11340456	10804158	545298	9469301	15
46	3217150	11340891	10794605	546286	9468366	14
47	3219904	11332334	10785059	547275	9467436	13
48	3222658	11323785	10775520	548265	9466493	12
49	3225412	11315244	10765988	549256	9465555	11
50	3228165	11306711	10756462	550249	9464616	10
51	3230018	11298186	10746944	551242	9463077	9
52	3233671	11289676	10737434	552236	9462737	8
53	3236423	11281162	10727931	553231	9461796	7
54	3239175	11272662	10718436	554226	9460854	6
55	3241927	11264170	10708948	555222	9459911	5
56	3244679	11255686	10699467	556219	9458968	4
57	3247430	11247210	10689993	557217	9458024	3
58	3250181	11238742	10680526	558216	9457079	2
59	3252932	11230282	10671056	559216	9456133	1
60	3255682	11221030	10661613	560217	9455186	0

数学家陪你走遍棋盘

你将在下面这张棋盘上遇到许多世界上的数学家，快准备好骰子，和伙伴们一起开展寻找数学家之旅吧。

起点

数字号

毕达哥拉斯让你前进 2 格。

欧几里得送你到 14。

帕斯卡帮助你跳过 10 格。

对引力感兴趣，牛顿助你来到 90。

斐波那契让你再掷一次骰子。

数独游戏玩一玩

1~9 虽然只是 9 个看似简单的数字兄弟，但当它们聚集在一起时，就变成了好玩的数独游戏啦！试试看，你能给这些方框中填上合适的数字吗？

上左宫格

2	7	9	5	6	3	4	1	8
5	8	6	7	1	4	3	9	2
1	4	3	8	9	2	7	5	6
3	2	8	9	5	6	1	7	4
9	5	1	2	4	7	8	6	3
7	6	4	1	3	8	5	2	9
6	1	7	4	8	9	2	3	5
4	9	2	3	7	5	6	8	1
8	3	5	6	2	1	9	4	7

上右宫格

2	9	5	7	6	4	1	8	3
1	4	7	2	8	3	6	9	5
6	8	3	9	5	1	2	4	7
5	1	8	6	3	7	9	2	4
9	3	4	8	2	5	7	1	6
7	6	2	1	9	4	5	3	8
4	7	1	3	9	6	8	5	2
3	2	9	5	7	8	4	6	1
8	5	6	4	1	2	3	7	9

上部连接块

6	9	8
4	5	7
2	1	3

中央宫格

1	2	4	9	8	5	6	3	7
5	9	8	7	3	6	2	1	4
3	7	6	1	4	2	5	9	8

下左宫格

5	1	7	9	8	2	4	6	3
3	2	4	7	5	6	8	1	9
9	6	8	1	3	4	7	5	2
4	9	3	2	7	1	6	8	5
7	8	2	5	6	3	1	9	4
1	5	6	4	9	8	2	3	7
6	3	5	8	4	7	9	2	1
8	7	1	3	2	9	5	4	6
2	4	9	6	1	5	3	7	8

下部连接块

5	7	9
3	2	4
8	6	1

下右宫格

1	8	2	7	4	6	3	5	9
7	6	5	9	8	3	4	2	1
9	4	3	2	1	5	7	6	8
8	7	9	6	5	4	1	3	2
4	2	6	3	7	1	8	9	5
5	3	1	8	9	2	6	4	7
6	9	7	5	3	8	2	1	4
2	1	8	4	6	9	5	7	3
3	5	4	1	2	7	9	8	6

要求：每个大九宫格里的每一行、每一列以及每个小九宫格都必须包含1-9这9个数字。

数学小游戏"取石子"

不知道你有没有玩过"取石子游戏",它和数学有关。游戏需要两个人玩,先准备 13 颗小石子排成一行,然后两人轮流取走石子。谁取到最后一颗,谁就输了。

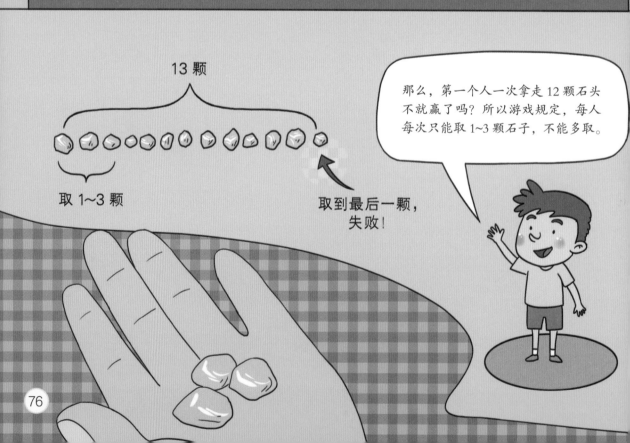

13 颗

取 1~3 颗

取到最后一颗,失败!

那么,第一个人一次拿走 12 颗石头不就赢了吗?所以游戏规定,每人每次只能取 1~3 颗石子,不能多取。

想知道怎样一定赢吗？

具体怎么玩呢？举个例子：小 A 先拿 2 颗，小 B 接着拿 2 颗，还剩 9 颗；然后小 A 又拿 3 颗，小 B 拿 1 颗，还剩 5 颗。

马上要分胜负了，小 A 该怎么拿呢？他谨慎地拿了 1 颗，小 B 马上取走 3 颗，还剩 1 颗，小 A 输了。

小 B 赢是因为运气好吗？不，在数学的帮助下她掌握了必胜的绝招。仔细想想刚才的过程，每一次两个人都共取走 4 颗石子。也就是说，3 轮之后，13 颗石子必然剩下 1 颗，因为 4×3=12。

所以，如果你后取，那么只要保证每一轮两人共取走 4 颗石子，你就能赢。

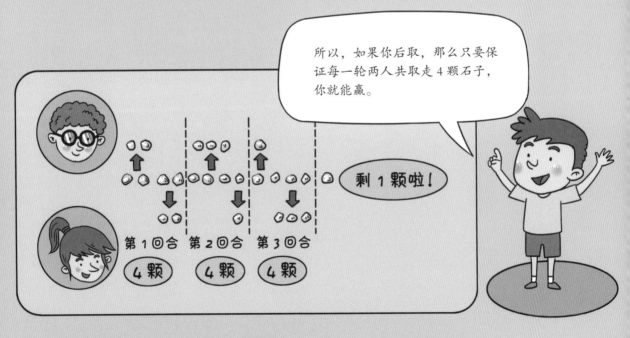

"取走最后 1 颗石子的人，游戏获胜。"如果改变游戏的获胜条件，也是件有意思的事。大家可以好好思考一下哟。